儿童趣味百科

英国数学真简单团队/编著　华云鹏　王盈成/译

DK儿童数学分级阅读 第一辑

认识10以内的数

数学真简单！

电子工业出版社

Publishing House of Electronics Industry

北京·BEIJING

Original Title: Maths—No Problem! Numbers to 10, Ages 4−6 (Key Stage 1)

Copyright © Maths—No Problem!, 2022

A Penguin Random House Company

版权贸易合同登记号　图字：01-2024-1980

图书在版编目（CIP）数据

DK儿童数学分级阅读. 第一辑. 认识10以内的数 ／ 英国数学真简单团队编著；华云鹏，王盈成译. --北京：电子工业出版社，2024.5

ISBN 978−7−121−47658−7

Ⅰ.①D…　Ⅱ.①英…　②华…　③王…　Ⅲ.①数学－儿童读物　Ⅳ.①O1-49

中国国家版本馆CIP数据核字（2024）第070425号

出版社感谢以下作者和顾问：Andy Psarianos, Judy Hornigold, Adam Gifford和Anne Hermanson博士。
已获Colophon Foundry的许可使用Castledown字体。

责任编辑：翟夏月

印　　　刷：鸿博昊天科技有限公司

装　　　订：鸿博昊天科技有限公司

出版发行：电子工业出版社

　　　　　北京市海淀区万寿路173信箱　　邮编：100036

开　　本：889×1194　1/16　印张：18　　字数：303千字

版　　次：2024年5月第1版

印　　次：2024年11月第2次印刷

定　　价：128.00元（全6册）

凡所购买电子工业出版社图书有缺损问题，请向购买书店调换。若书店售缺，请与本社发行部联系，联系及邮购电话：（010）88254888，88258888。

质量投诉请发邮件至zlts@phei.com.cn，盗版侵权举报请发邮件至dbqq@phei.com.cn。

本书咨询联系方式：（010）88254161转1821，zhaixy@phei.com.cn。

www.dk.com

目 录

10以内的计数	4
数物品	6
10以内数字的读和写	8
比大小、排排序	12
数的分合式	18
用数的分合式做加法	22
学加法	26
加法小故事	30
划线做减法	34
用数的分合式做减法	36
往前数做减法	38
减法小故事	40
回顾与挑战	42
参考答案	46

鲁比　艾略特　阿米拉　查尔斯　露露　萨姆　奥克　霍莉　拉维　艾玛　雅各布　汉娜

10以内的计数

准 备

在空格内写出缺少的数字。

1, 2, 3, ☐ , 5, 6, ☐ , 8, 9, 10

你能帮助艾玛补全缺少的数字吗?

举 例

我可以数到10——
1, 2, 3, 4, 5, 6, 7, 8, 9, 10。

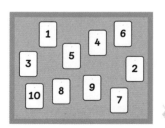

墙上的数字卡片可以帮到我。

4

往前数，填一填。

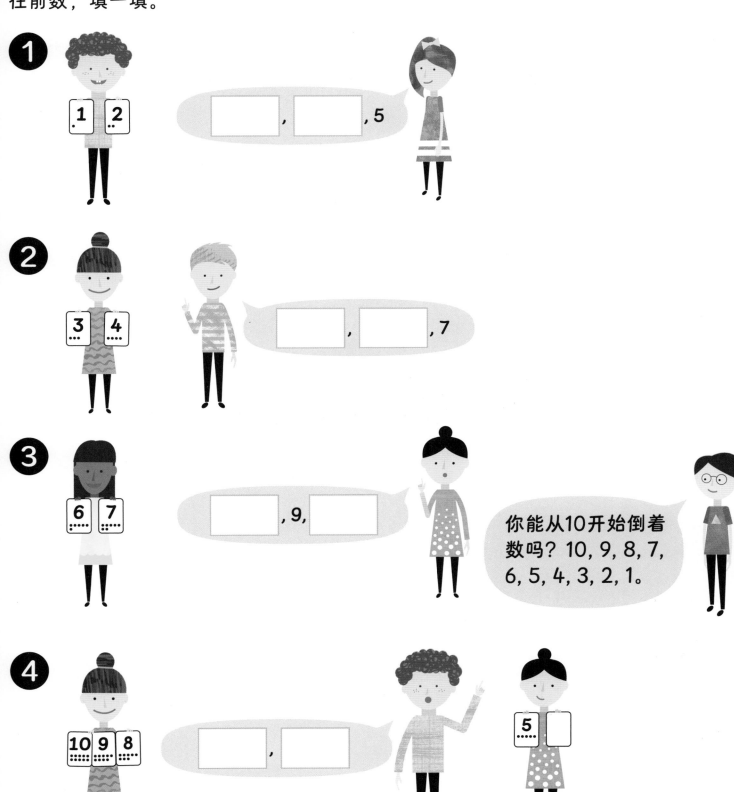

数物品

准备

汉娜洗了几根胡萝卜？

举例

我可以在十个格子中填色来帮助我计数。

汉娜洗了3根胡萝卜。

练 习

数一数，然后在十个格子中填色  。

1

2

3

4

5

6

7

8

9

10

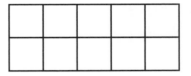 1 一

2 二

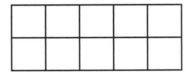 3 三

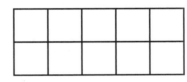 4 四

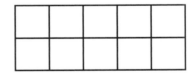 5 五

6 六

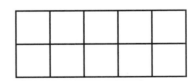 7 七

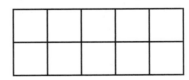 8 八

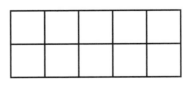 9 九

 10 十

10以内数字的读和写

准 备

这里一共有多少只泰迪熊呢？

举例

我可以在十个格子中填色来帮助我计数。

5 五

5是阿拉伯数字，五是汉字。

这里一共有5只泰迪熊。

1 数一数，涂一涂。

(1)  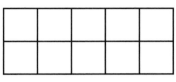   **1 一**

(2)     **2 二**

(3)  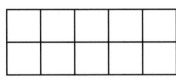   **3 三**

(4) 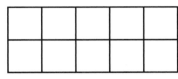   **4 四**

(5) 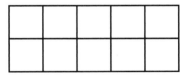   **5 五**

(6)   **6 六**

(7)  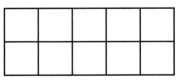   **7 七**

(8)  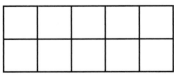   **8 八**

(9) 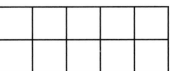   **9 九**

(10)   **10 十**

2 认一认，连一连。

1 •

10 •

5 •

7 •

3 •

2 •

4 •

6 •

9 •

8 •

3 认一认，连一连。

一 •

四 •

九 •

十 •

六 •

三 •

七 •

二 •

五 •

八 •

• (7)

• (3)

• (2)

• (5)

• (6)

• (1)

• (9)

• (8)

• (4)

• (10)

比大小、排排序

准 备

每个小朋友都能分到一个香蕉和一个苹果吗?

举例

1
我可以将人数和水果的数量列出来。

苹果的数量比小朋友多。

  　4个香蕉

 　5个小朋友

 　7个苹果

我能使用积木展示这些数字。

香蕉的数量比小朋友少。

12

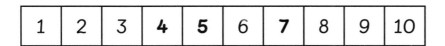

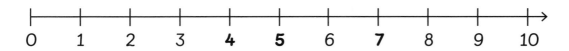

这里有4根香蕉 🍌，5个小朋友 👦。

4比5小。

有的小朋友 👦 分不到香蕉 🍌。

这里有7个苹果 🍎，5个小朋友 👦。

7比5大。

每个小朋友 👦 都能分到苹果 🍎。

我也可以用数线来帮助我。

2 3

6

8

哪个数最大？哪个数最小？

3比8小，3比6小。
3是这里面最小的数。

8比3大，8比6大。
8是这里面最大的数。

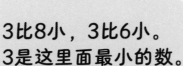

1 数一数，哪组更多？圈一圈，填一填。

(1) [　　　] 比 [　　　] 小。

(2)

[　　　] 比 [　　　] 小。

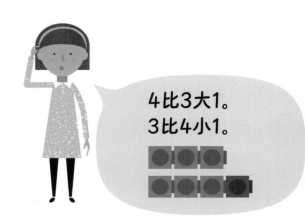

4比3大1。
3比4小1。

(3)

7比5 [　　　　　　]。

(4)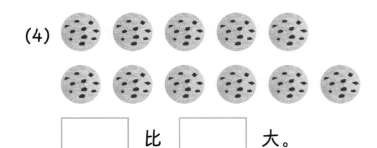

[　　　] 比 [　　　] 大。

(5)

这里有4个 ⬤ 和4个 ⬜ 。
⬤ 的数量和 ⬜ 的数量一样多。

❷ 哪个数较小？在空格内填一填你的答案。

(1) | 4 | 5 | [ ]

(2) | 8 | 2 | [ ]

(3) | ••••• | ••••• • | [ ]

(4) | • | ••• | [ ]

(5) | •••• | 7 | [ ]

(6) | •••••• | 6 | [ ]

3 哪个数较大？在空格内填一填你的答案。

(1)

(2)

(3)

(4)

(5)

(6)

4 按照由小到大的顺序给数字排排队。

| 1 | 2 | 3 | 4 | 5 | 6 | 7 | 8 | 9 | 10 |

9   7   8

最小   →   最大

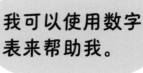
我可以使用数字表来帮助我。

5 按照由大到小的顺序给数字排排队。

2　　4　　3

最大　　　⟶　　　最小

6 在空格处填上缺少的数字。

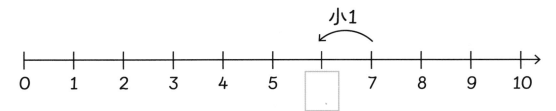

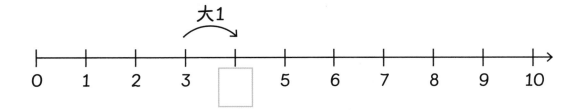

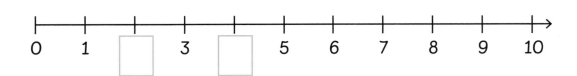

(1) [　　] 比9少1。

(2) [　　] 比6少1。

(3) [　　] 比3大1。

(4) [　　] 比6大1。

数的分合式

准 备

你能用几种方法来排列双面计数器？

举例

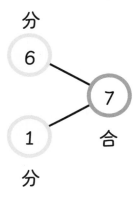

这就是数的分合式，一个数字可以分成两个数字。

我觉得

也可以合成7。

我们可以这样说，有0个 ⬭ （黄色计数器）。0表示没有。

18

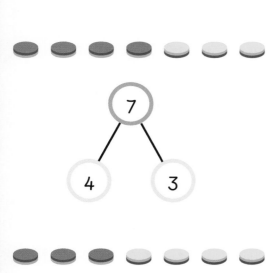

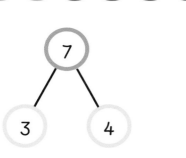

我觉得  和 是一样的。

有多少种方法可以合成7？

练习

1 在空格内填写答案。

(1) ☐ 和 ☐ 合成7。

(2) ☐ 和 ☐ 合成7。

(3)

 和 [ ] 合成5。

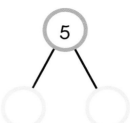

(4)

4和4合成 [ ]。

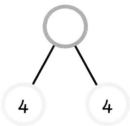

(5)

7和3合成 [ ]。

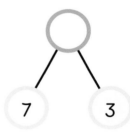

(6)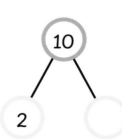

2和 [ ] 合成10。

2 填一填，连一连。

举例：总共有6个苹果。

3个 🍎 。

3个 🍎 。

(1)

总共有 [　　] 个梨。

[　　] 个 🍐 。

[　　] 个 🍐 。

(2)

总共有 [　　] 个小蛋糕。

[　　] 个 🧁 。

[　　] 个 🧁 。

(3)

总共有 [　　] 个甜甜圈。

[　　] 个 🍩 。

[　　] 个 🍩 。

○ — 6
2 —

6 — ○
1 —

3 — 6
3 —

○ — 7
4 —

用数的分合式做加法

准 备

一共有多少只小鸟呢？

举例

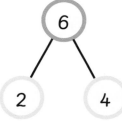

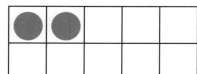

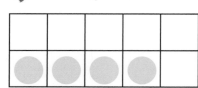

我们也可以写成 2 + 4 = 6.

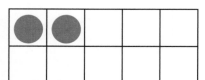   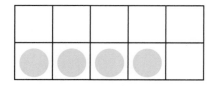   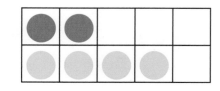

2   +   4   =   6

一共有6只小鸟。

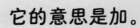 这是加号。

 它的意思是加。

2 + 4 = 6

 这是等号。

 2 + 4 = 6是
一个加法算式。

练习

1 在空格内填写答案。

(1)

	顶 。
	顶 。

总共有 ⬜ 顶帽子。

⬜ + ⬜ = ⬜

(2)

| | 个 。
| | 个 。

总共有 | | 个包。

| | + | | = | |

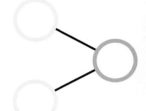

(3)

| | 个 。
| | 个 。

总共有 | | 个钱包。

| | + | | = | |

(4)

| | + | | = | |

总共有 | | 个小蛋糕。

(5)

| | + | | = | |

| | 和 | | 合成 | | 。

24

2 填一填，连一连。

(1)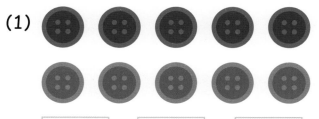

□ + □ = □

●   ●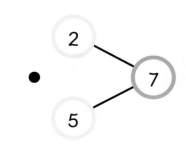

(2)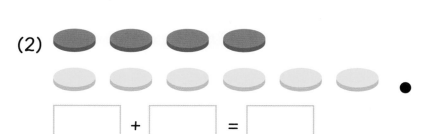

□ + □ = □

●   ●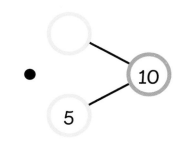

(3)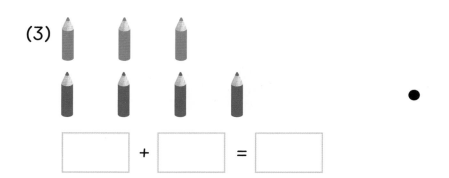

□ + □ = □

●   ●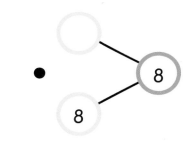

(4)

□ + □ = □

●   ●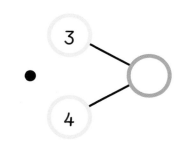

(5)

□ + □ = □

●   ●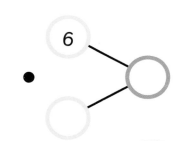

学加法

准 备

阿米拉拿着3根冰棍，盒子里还有6根冰棍。

一共有多少根冰棍呢？

1 6 + 3 = ?

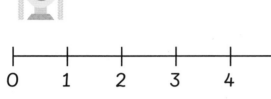
从6开始，往后再数3个。

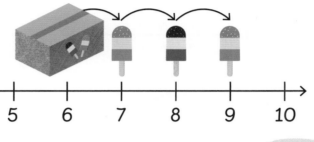

7, 8, 9。

6 + 3 = 9

一共有9根冰棍。

2 2 + 8 = ?

一把香蕉有8根，我可以从2开始往后数8个。

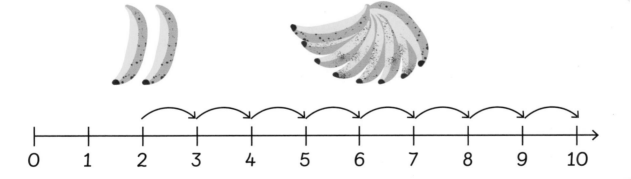

或者从8开始往后数，这样更简单。

2 + 8 = 10

一共有10根香蕉。

1 往后数，填一填。

(1)

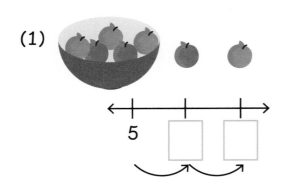

5 ☐ ☐

5 + 2 = ☐

一共有 ☐ 个苹果。

(2)

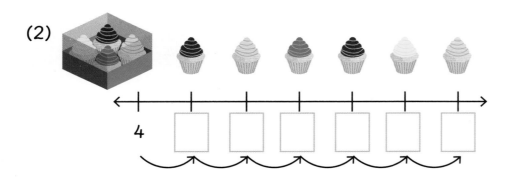

4 ☐ ☐ ☐ ☐ ☐ ☐

4 + 6 = ☐

一共有 ☐ 个小蛋糕。

(3)

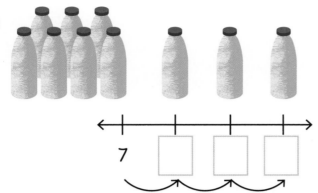

7 [ ] [ ] [ ]

7 + 3 = [   ]

一共有 [   ] 瓶饮料。

2 往后数，填一填。

(1)

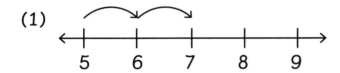

5 6 7 8 9

5 + 2 = [   ]

(2)

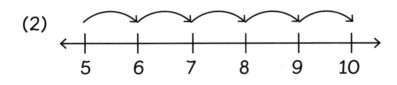

5 6 7 8 9 10

5 + [   ] = 10

(3)

5 [ ] [ ] [ ] 9 10

6 + 3 = [   ]

加法小故事

准备

从小朋友们的打扮中，你能想到哪些加法小故事呢？

举例

我们可以这样思考……

2个小朋友戴着眼镜。
3个小朋友没戴眼镜。

一共有5个小朋友。

2   +   3   =   5

2和3合成5。

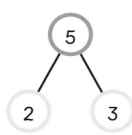

5
2   3

我能编出另一个小故事。
只有1个小朋友戴了帽子。

总共有5个小朋友。

1个小朋友戴了帽子。

4个小朋友没有戴帽子。

$5 = 1 + 4$

5可以分成1和4。

5
1   4

3个小朋友穿的蓝色衣服。

3个小朋友穿的蓝色衣服。
2个小朋友穿的黄色衣服。

$3 + 2 = 5$

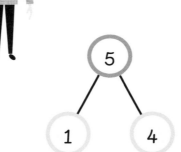

5
3   2

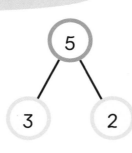

3和2合成5。

1 填一填。

(1)

总共有8只青蛙。

⬜ 只青蛙坐着。

⬜ 只青蛙跳跃。

⬜ + ⬜ = 8

8

(2)

花盆里有 ⬜ 朵。

花盆里有 ⬜ 朵。

一共有 ⬜ 朵花。

2 看图并填空。

(1) 总共有 ☐ 只熊。

有 ☐ 只黑熊。

有 ☐ 只棕熊。

☐ + ☐ = 10

(2) 总共有 ☐ 只幼熊。

有 ☐ 只大熊。

☐ + ☐ = ☐

小熊宝宝叫做幼熊哦。

你能看图想到其他关于数字的故事吗?

划线做减法

准备

树上本来有9个橙子。

掉到地上4个橙子。

树上还剩几个橙子？

举例

9 − 4 = 5

树上还剩5个橙子。

我可以划去4个橙子，代表掉到地上的橙子。

34

这是减号。

它的意思是相减。

$$9 - 4 = 5$$

9-4=5是一个
减法算式。

这是等号。

练习

划一划，减一减，填一填。

1

7 - | 2 | = | |

2

7 - | 0 | = | |

3

| 6 | - 1 = | |

用数的分合式做减法

准 备

几只河马脚下没有泥巴？

举例

一共有7只河马。

4只河马脚下有泥巴。

$7 - 4 = 3$

我们可以减一减，这样就知道几只河马脚下没有泥巴了。

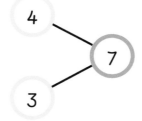

3只河马脚下没有泥巴。

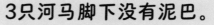

填一填。

1 几只小老鼠不是 ？

一共有8只小老鼠。

6只 。

8 - 6 = ⬚

⬚ 只 。

⬚ 只小老鼠不是 。

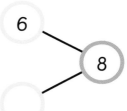

2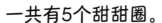

几个甜甜圈不是 ？

一共有5个甜甜圈。

⬚ 个 。

5 - ⬚ = ⬚

⬚ 个 。

⬚ 个甜甜圈不是 。

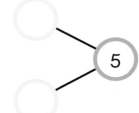

往前数做减法

准备

我本来有10块糕点。我把其中几块装进了盒子里。

盒子里有几块糕点？

举例

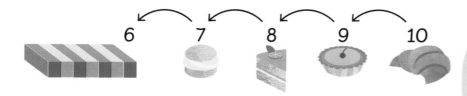

10 − 4 = 6

盒子里有6块糕点。

面包师本来有10块糕点。我可以从10开始，往前数4个来做减法。

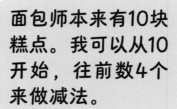

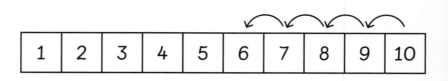

我可以用数格来帮助我往前数。

38

1 往前数，减一减，填一填。

一共有8个玩具，盒子里有几个玩具？

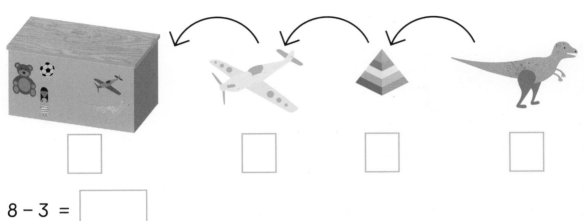

8 - 3 = ☐

2 用数格往前数。

(1) 9 - 5 = ☐

1	2	3	4	5	6	7	8	9	10

(2) 5 - 2 = ☐

1	2	3	4	5	6	7	8	9	10

(3) 7 - 4 = ☐

1	2	3	4	5	6	7	8	9	10

(4) 6 - 5 = ☐

1	2	3	4	5	6	7	8	9	10

减法小故事

准 备

你能用这幅图想一个减法小故事吗?

举 例

树上原本有6只猴子,但有2只跳了下来。6-2=4,所以树上还有4只猴子。

我还能想出一个不一样的减法小故事。

一共有6只猴子，5只猴子是棕色的。6-5=1，所以1只猴子不是棕色的。

练习

填一填。

1

一共有 ☐ 只小猫。

☐ 只小猫在睡觉。

其他的都坐着。

9 − 4 = ☐

☐ 只小猫坐着。

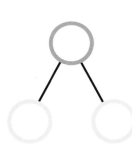

4

2 一共有 ☐ 只小猫。

☐ 只小猫是 。

其他的小猫是 。

☐ − ☐ = ☐

☐ 只小猫是 。

回顾与挑战

1 复习数字的表达，并将答案填在空白处。

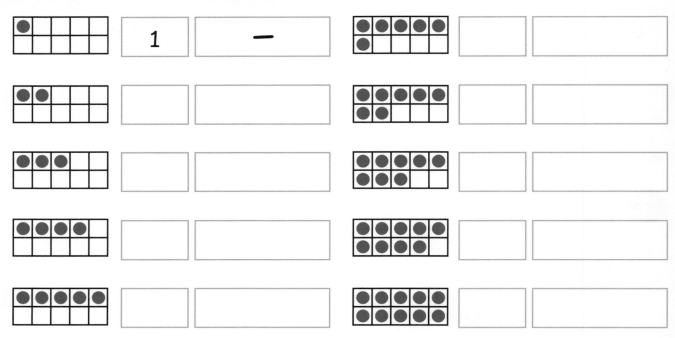

(1) 按从小到大的顺序排列以下数字。

5　　10　　8

最小　　➜　　最大

4　　5　　2

最大　　➜　　最小

(2) 按从大到小的顺序排列以下数字。

6　　5　　8

最小　　➜　　最大

2　　7　　1

最大　　➜　　最小

(3) 将答案填在空白处。

[   ] 比8多1。   [   ] 比7少1。

(4) 一共有8根香蕉，袋子里已经装进去了一部分。

还要装进袋子里 [   ] 根香蕉。

[   ] + [   ] = [   ]

2 将答案填在空白处。

(1)

1	2	3	4	5	6	7	8	9	10

7 − 3 = [   ]

(2)

1	2	3	4	5	6	7	8	9	10

10 − 2 = [   ]

(3)

[   ] 把椅子   [   ] 把椅子

[   ] + [   ] = [   ] 把椅子

3 填一填，连一连。

(1) 7 − 5 = ☐ ●

●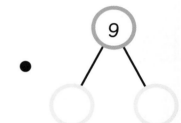

(2) 4 + 3 = ☐ ●

(3) ☐ = 2 + 4 ●

●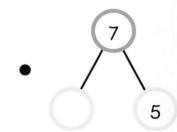

(4) 9 − 6 = ☐ ●

4

看图填空。

(1) ☐  只在沙滩上。

☐  只不在沙滩上。

☐ + ☐ = ☐

一共有 ☐ 只  。

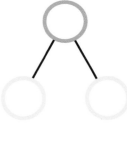

(2) 一共有 ☐ 个小朋友。

☐ 个小朋友在水里玩耍。

☐ − ☐ = ☐

☐ 个小朋友不在水里玩耍。

参考答案

第 4 页　4, 7

第 5 页　**1** 3, 4　**2** 5, 6　**3** 8, 10　**4** 7, 6, 4.

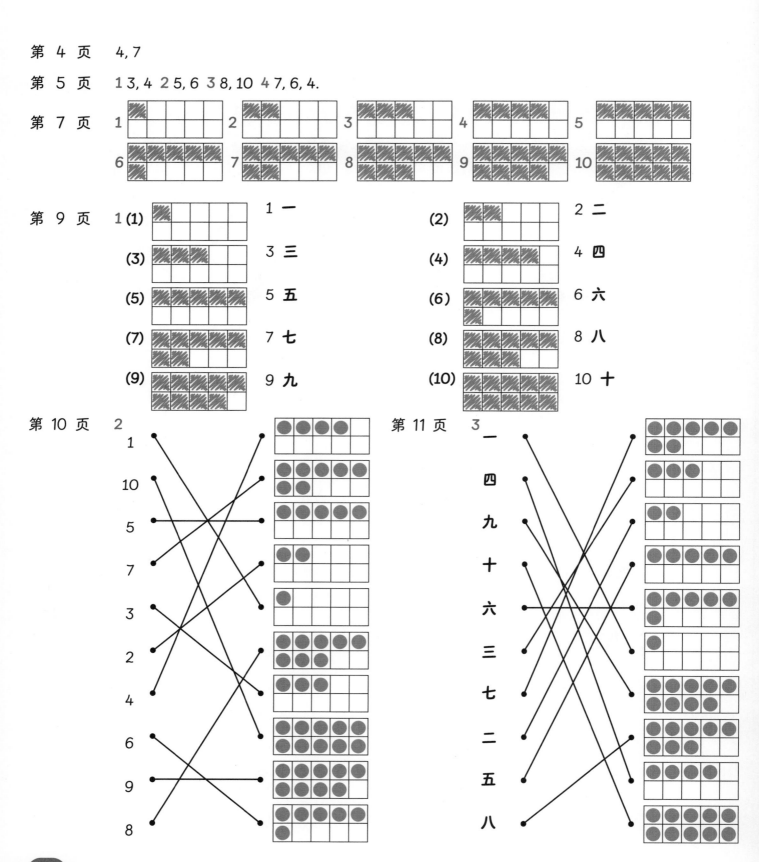

第 14 页　　**1 (1)** 3, 6 **(2)** 3, 4 **(3)** 大
(4) 6, 5。

第 15 页　　**(5)** 等于。　**2 (1)** 4 **(2)** 2 **(3)** 5
(4) 1 **(5)** 4 **(6)** 6。

第 16 页　　**3 (1)** 7 **(2)** 8 **(3)** 6 **(4)** 6 **(5)** 5 **(6)** 7
4 7, 8, 9。

第 17 页　　**5** 4, 3, 2 **6** 6, 4, 2, 4 **(1)** 8 **(2)** 5 **(3)** 4 **(4)** 7。

第 19 页　　**1** 参考答案：3 和 4, 2 和 5,
1 和 6，0 和 7。

第 20 页　　**(3)** 3 和 2 合成 5 **(4)** 4 和 4 合成 8
(5) 7 和 3 合成 10 **(6)** 2 和 8 合成 10。

第 21 页　　**2**

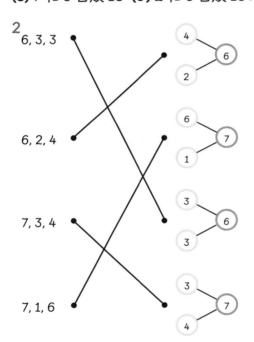

第 23 页　　**1 (1)** 4 顶绿色帽子。3 顶红色
帽子。总共有 7 顶帽子。
4 + 3 = 7。

第 24 页　　**(2)** 2 个工具包。3 个双肩包。总共有 5 个
包。2 + 3 = 5。
(3) 6 个红色钱包。2 个紫色钱包。总共有 8
个钱包。6 + 2 = 8。
(4) 4 + 0 = 4，一共有 4 个小蛋糕。
(5) 6 + 4 = 10，6 和 4 合成 10。

第 25 页　　**2**

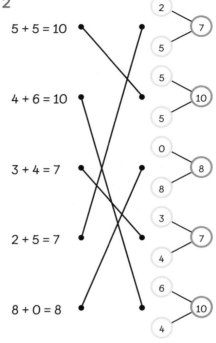

第 28 页　　**1 (1)** 5 + 2 = 7，一共有 7 个苹果。
(2) 4 + 6 = 10，一共有 10 个小蛋糕。

第 29 页　　**(3)** 7 + 3 = 10，一共有 10 瓶饮料。
2 (1) 5 + 2 = 7 **(2)** 5 + 5 = 10
(3) 6 + 3 = 9

第 32 页　　**1 (1)** 6 只青蛙坐着。2 只青蛙在跳跃。
6 + 2 = 8。
(2) 花盆里有 4 朵粉色花。花盆里有 3 朵黄
色花。一共有 7 朵花。

第 33 页　　**2 (1)** 一共有 10 只熊。有 3 只黑熊，7 只棕
熊，3 + 7 = 10 。**(2)** 有 4 只幼熊，有 6 只大
熊，4 + 6 = 10。

第 35 页　　**1** 7 − 5 = 2 **2** 7 − 0 = 7 **3** 6 − 1 = 5。

第 37 页　　**1** 2。有 2 只白老鼠。2 只小老鼠不是棕色
的。　**2** 有 2 个粉红色的甜甜圈。5-2 = 3，
有 3 个蓝色的甜甜圈。3 个甜甜圈不是粉红
色的。

第 39 页　　1 5, 6, 7, 8　8 − 3 = 5　2 (1) 9 − 5 = 4
(2) 5 − 2 = 3　(3) 7 − 4 = 3　(4) 6 − 5 = 1

第 41 页　　1 一共有9只小猫。4只小猫在睡觉。
9 − 4 = 5。5只小猫坐着。
2 一共有9只小猫。6只小猫是灰色的。
9−6=3。3只小猫是棕色的。

第 42 页　　1 2 二　3 三　4 四　5 五
6 六　7 七　8 八　9 九　10 十
(1) 5, 8, 10　5, 4, 2　(2) 5, 6, 8　7, 2, 1。

第 43 页　　(3) 9比8多1。6比7少1。　(4) 还要装进
袋子里3根香蕉。5 + 3 = 8。
2 (1) 7 − 3 = 4。　(2) 10 − 2 = 8。
(3) 0把椅子，9把椅子，0+9=9把椅子。

第44页　　3 (1)　(2)　(3)　(4)

第45页　　4 (1) 4只海鸥在沙滩上。2只海鸥不在沙滩
上。4 + 2 = 6。一共有6只。

(2) 一共有4个小朋友。2个小朋友在水里玩
耍。4−2=2。2个小朋友不在水里玩耍。